生猪检疫操作

图解手册

中国动物疫病预防控制中心 ◎ 组编

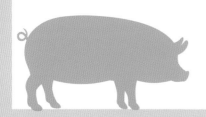

中国农业出版社

北 京

丛书编委会

主　任：陈伟生　　张　弘

副主任：徐　一　　柳焜耀

委　员：王志刚　李汉堡　蔺　东　张志远

　　　　高胜普　李　扬　赵　婷　胡　澜

　　　　杜彩妍　孙连富　曲道峰　姜艳芬

　　　　罗开健　李　舫　杨泽晓　杜雅楠

本书编写人员

主　编：徐　一　　刘　文　　王琳琳
副主编：代德华　康海英　曲　萍　兰冰洁
编　者（按姓氏笔画排序）：

马亮亮　王　青　王琳琳　王稳重

代德华　兰冰洁　曲　萍　任晓玲

刘　文　杜彩妍　李　扬　李云岗

张凤华　张志远　邵启文　赵　婷

赵光明　赵雨晨　胡　澜　柳松柏

逢国梁　徐　一　郭　倩　黄　磊

康海英　虞　鹃　蔺　东

前 言

　　对生猪及其产品实施检疫是一种行政许可，是动物卫生监督机构的官方兽医根据检疫申报，依照动物防疫法和农业农村部的规定，对生猪及其产品的传染病，包括寄生虫病进行确认，并根据确认结果做出行政许可决定的行为。因此，生猪及其产品的检疫应当严格按照生猪检疫规程及农业农村部有关规定进行。

　　生猪检疫规程包括《生猪产地检疫规程》《生猪屠宰检疫规程》和《跨省调运乳用种用动物产地检疫规程》。中华人民共和国境内生猪（含人工饲养、捕获的野猪）、省内调运种猪及其精液、胚胎的检疫依照《生猪产地检疫规程》进行，其中，生猪（含人工饲养、捕获的野猪）包括仔猪、商品猪。中华人民共和国境内供屠宰的生猪的检疫依照《生猪屠宰检疫规程》进行，其中，供屠宰的生猪即动物检疫电子出证系统中"动物种类"的商品猪。跨省调运种猪及其精液、胚胎的检疫依照《跨省调运乳用种用动物产地检疫规程》进行。

　　为进一步规范生猪及其产品检疫工作，同时为官方兽医检疫工作提供参考，中国动物疫病预防控制中心组织编写了《生猪检疫操作图解手册》。该手册根据《生猪产地检疫规程》《生猪屠宰检疫规程》和《跨省调运乳用种用动物产地检疫规程》和农业农村部有关规定，注重实际操作，借助大量图片，以检疫工作中的实际操作为重点，介绍了生猪检疫程序、方法、对象和实验室检测，并摘录了相关检疫规程和规定。希望本手册能够成为官方兽医开展生猪检疫工作的技术指南，并为业内同仁和从事生猪养殖、屠宰及贩运的人员提供借鉴。

由于时间仓促，本手册不免有疏漏之处，欢迎读者批评指正。

编　者

2021年10月

c o n t e n t s

目 录

?

前言

第一章　检疫流程

第一节　生猪产地检疫流程

生猪产地检疫流程见图1-1。

第二节　生猪屠宰检疫流程

一、生猪入场和宰前检查流程

生猪入场和宰前检查流程见图1-2。

二、生猪同步检疫流程

生猪同步检疫流程见图1-3。

第三节　跨省调运种猪及其精液、胚胎产地检疫流程

跨省调运种猪及其精液、胚胎产地检疫流程见图1-4。

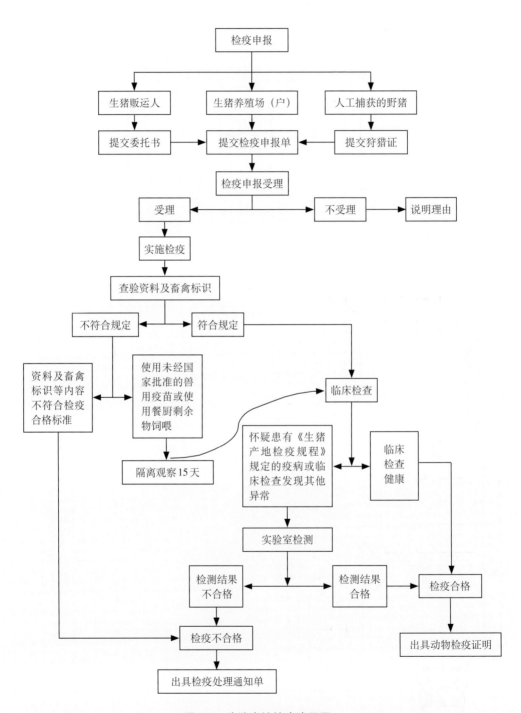

图 1-1 生猪产地检疫流程图

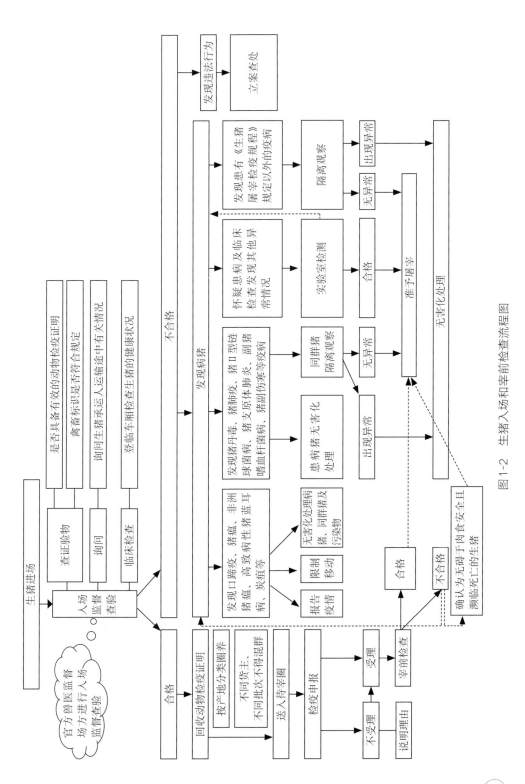

图1-2 生猪入场和宰前检查流程图

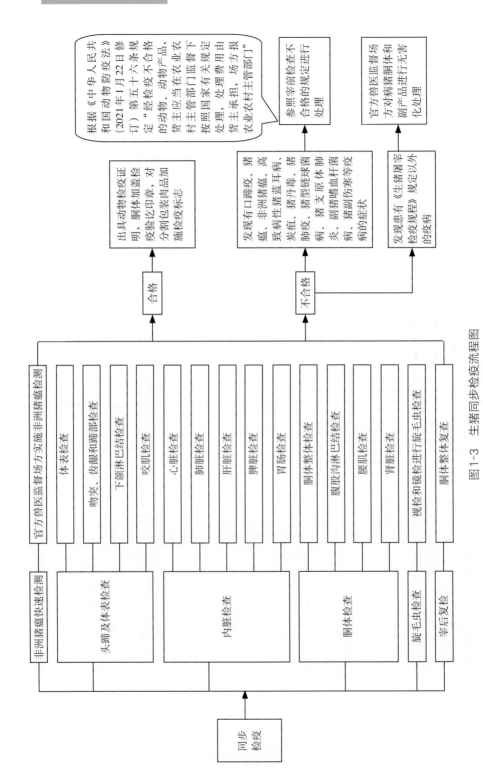

根据《中华人民共和国动物防疫法》(2021年1月22日修订)第五十六条规定"经检疫不合格的动物、动物产品,货主应当在农业农村主管部门监督下按照国家有关规定处理,处理费用由货主承担,场方报农业农村主管部门"

出具动物检疫证明、胴体加盖检疫验讫印章,对分割包装肉品加施检疫标志

参照宰前检查不合格的规定进行处理

发现有口蹄疫、猪瘟、非洲猪瘟、高致病性猪蓝耳病、炭疽、猪丹毒、猪肺疫、猪型链球菌病、副猪嗜血杆菌病、猪副伤寒等疫病的症状

发现患有《生猪屠宰检疫规程》规定以外的疫病

官方兽医监督场方对病害猪胴体和副产品进行无害化处理

合格

不合格

官方兽医监督场方实施非洲猪瘟检测

体表检查

吻突、齿龈和蹄部检查

下颌淋巴结检查

咬肌检查

心脏检查

肺脏检查

肝脏检查

脾脏检查

胃肠检查

胴体整体检查

腹股沟淋巴结检查

腰肌检查

肾脏检查

视检和镜检进行旋毛虫检查

胴体整体复查

非洲猪瘟快速检测

头蹄及体表检查

内脏检查

胴体检查

旋毛虫检查

宰后复检

同步检疫

图1-3 生猪同步检疫流程图

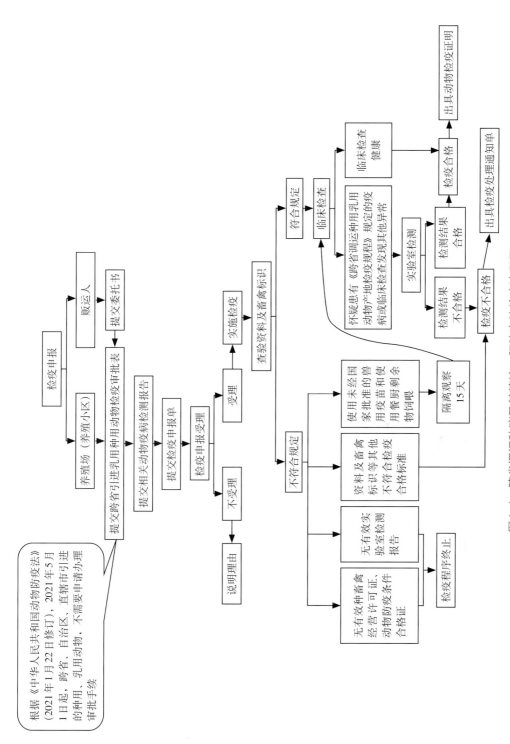

图 1-4 跨省调运种猪及其精液、胚胎产地检疫流程图

第二章　检疫方法

第一节　查验资料

查验资料是对生猪产地检疫、生猪屠宰检疫和跨省调运种猪及其精液、胚胎产地检疫所提交的申报资料或现场提供的资料进行检查、验证和复查（图2-1、图2-2和图2-3）。

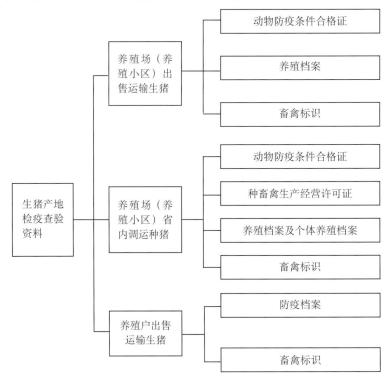

图2-1　生猪产地检疫查验资料思维导图

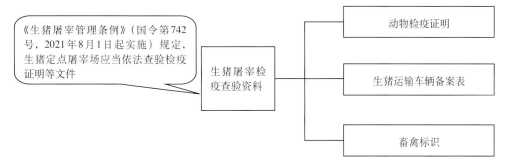

图 2-2　生猪屠宰检疫查验资料思维导图

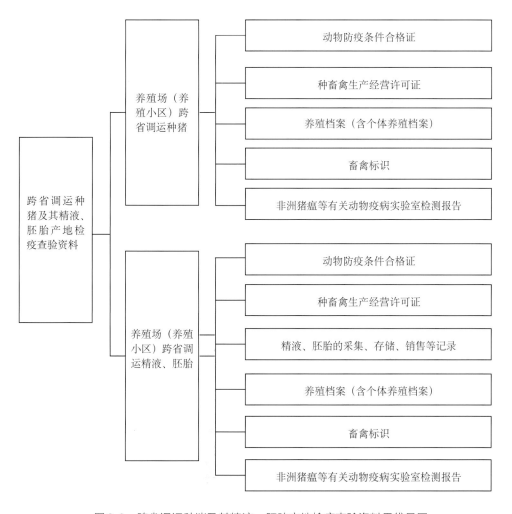

图 2-3　跨省调运种猪及其精液、胚胎产地检疫查验资料思维导图

一、查验相关证明

1.动物防疫条件合格证　主要查验单位名称、法人、单位地址、经营范围等是否与实际一致，是否存在转让、伪造、变造等情况。

相关证明

2.种畜禽生产经营许可证　主要查验单位名称、单位地址、法人、生产范围、经营范围是否与实际一致，证件是否在有效期内，是否存在伪造、变造、转让、租借等情况。

3.动物检疫证明　主要查验是否使用国家统一的检疫证明，是否可以在"中国兽医网""综合查询"模块查询到，填写内容与实际是否相符，是否加盖检疫专用章等。

4.生猪运输车辆备案表　主要查验备案是否可以在"中国兽医网""综合查询"模块查询到，备案是否在有效期，备案车牌号是否与实际情况相符，备案号与《动物检疫合格证明》上记录情况是否一致等。

二、查验养殖资料和畜禽标识

1.养殖档案　包括生猪饲养场的生产记录、饲料、饲料添加剂和兽药使用记录、消毒记录、免疫记录、诊疗记录、防疫监测记录、无害化处理记录等。主要通过查看生产记录、强制免疫病种的免疫记录、防疫监测记录、诊疗记录和无害化处理

养殖档案

记录等分析、综合判定，确认饲养场（养殖小区）6个月内是否发生相关动物疫病。

（1）生产记录　主要查看存栏数量，生猪调入、出栏情况等。

（2）饲料、饲料添加剂和兽药使用记录　主要查看是否违反国家规定使用餐厨废弃物饲喂生猪；查看是否使用假、劣兽药以及国务院兽医行政主管部门规定禁止使用的药品和其他化合物，如禁用抗生素类氯霉素及其盐、β-兴奋剂类及其盐、酒石酸锑钾等；查看是否在饲料、动物饮用水中添加国务院农业行政主管部门公布禁用的物质以及对人体具有直接或者潜在危害的其他物质，如盐酸克伦特罗等"瘦肉精"、己烯

雌酚、氯丙嗪等，或者直接使用上述物质饲喂生猪。

（3）消毒记录　主要查看使用消毒药品的种类、使用剂量、消毒方法和频次，以及场所消毒、车辆消毒记录等是否详细、规范，确保消毒有效。

（4）免疫记录　主要确认饲养场（养殖小区）存栏生猪是否按国家规定进行了口蹄疫等疫病的强制免疫（疫病病种根据国家和省份的强制免疫计划确定），免疫是否在有效保护期内；查看使用的兽用疫苗是否为国务院兽医主管部门批准使用的疫苗（可通过国家兽药基础数据库查询）。不确定免疫保护期的，可以通过查看防疫监测记录或进行抗体检测来判定。

（5）防疫监测记录　主要查看强制免疫疫病病种抗体监测结果是否符合要求；国家或地方对疫病监测另有规定的，还应根据规定，查验相关疫病的监测信息和监测结果。

（6）诊疗记录　主要查看发病数、病因、用药是否规范，是否使用违禁药品等。

（7）病死畜禽无害化处理记录　主要查看处理或死亡原因、处理方法是否规范。

2.防疫档案　检疫申报为散养户时，查看防疫档案。主要查看散养户的姓名、地址、生猪种类、生猪数量、免疫日期、疫苗名称、生猪耳标号、免疫人员等记录是否与实际相符。

3.个体养殖档案　种猪产地检疫时，需要查看个体养殖档案。主要核对耳标号、性别、出生日期、父系和母系品种类型、母本的耳标号等信息是否与受检生猪相符，核对种猪调运记录是否完整。

4.查验精液、胚胎的采集、存储和销售等记录

（1）采集记录　主要查验采集供体品种、供体系谱、采集时间、采集地点、采集方法、采集数量、采集人员等要素。

（2）销售记录　主要查验销售供体品种、销售时间、客户名称、销售数量、客户地址、联系方式等要素。

（3）移植记录　主要查验移植供体品种、移植受体品种、移植时间、移植数量、移植方法、移植人员等要素。

5.畜禽标识　产地检疫主要查验生猪耳标的加施时间、加施部位、耳

标编码等情况，核对与生猪养殖档案中耳标的记录情况是否相符，核对申报检疫生猪的耳标号与实际佩戴耳标号是否相符。屠宰检疫主要查验生猪是否佩戴耳标，并核对与动物检疫证明中的标识号码是否相符（官方兽医监督场方实施）（图2-4）。

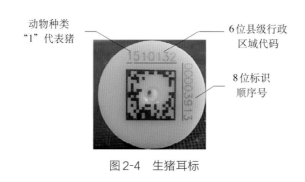

图2-4　生猪耳标

第二节　临床检查

临床检查是生猪离开产地前或屠宰前对其实施的群体检查和个体检查。

一、群体检查

从静态、动态和食态等方面进行检查。主要检查生猪群体精神状况、外貌、呼吸状态、运动状态、饮水饮食情况及排泄物状态等。

1.静态检查　在生猪安静情况下，观察其精神状态、外貌、立卧姿势、呼吸等，注意有无咳嗽、气喘、呻吟、流涎、孤立一隅等反常现象（图2-5）。

2.动态检查　生猪自然活动或被驱赶时，观察其起立姿势、行动姿势、精神状态和排泄姿势，注意有无行动困难、肢体麻痹、步态蹒跚、跛行、屈背弓腰、离群掉队及运动后咳嗽或呼吸异常现象，并注意排泄物的质地、硬度、颜色等（图2-6）。

3.食态检查　检查生猪饮食、咀嚼、吞咽、饮水（图2-7）时的反应状态，注意有无不食不饮、少食少饮、异常采食以及吞咽困难、呕吐、流涎、退槽等现象。

图2-5　群体检查：观察生猪安静状态下的精神状态

图2-6　群体检查：观察生猪活动状态

图2-7　群体检查：观察生猪饮水状态

二、个体检查

个体检查是对群体检查时发现的异常生猪或者从群体中随机抽取的5%～20%的生猪，逐头进行详细的健康检查。通过视诊、触诊、叩诊、听诊和检查生理指标五种方法进行个体检查。主要检查生猪个体精神状况、体温、呼吸、皮肤、被毛、可视黏膜、胸廓、腹部、体表淋巴结，以及排泄动作及排泄物性状等。

1.视诊　"十视"，即观察生猪的精神状态、营养状况、姿态和步样、被毛和皮肤、呼吸、可视黏膜、天然孔、吻突、排泄物和排泄动作等。

2.触诊 "五触"，即触摸生猪皮肤（耳根）温度（图2-8）、弹性，胸、腹部敏感性、体表淋巴结的大小、形状、硬度、活动性、敏感性等，必要时进行直肠检查。

3.叩诊 "五叩"，即叩诊心、肺、胃、肠、肝区的音响、位置和界限，感知生猪胸、腹部的敏感程度（图2-9）。

图2-8 个体检查：触摸生猪耳根温度　　　　图2-9 个体检查：叩诊生猪胸部

4.听诊 "五听"，即听生猪的叫声、咳嗽声、心音、肺泡气管呼吸音、胃肠蠕动音等（图2-10）。

5.检查生理指标 "三检"，即检查生猪体温（图2-11）、脉搏、呼吸次数是否在正常范围内。生猪正常体温为38.0 ～ 40.0℃、脉搏为60 ～ 80次/分、呼吸次数为10 ～ 30次/分。

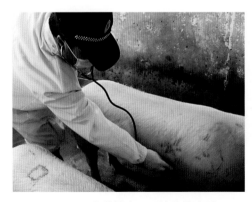

图2-10 个体检查：听诊生猪心肺　　　　图2-11 个体检查：测量生猪体温

第三节　同步检疫

同步检疫是对屠宰后生猪的血液、头、蹄、内脏、胴体等依次进行的检测或检查。

一、非洲猪瘟快速检测

驻场官方兽医监督场（厂、点）方按照规定开展非洲猪瘟快速检测。

1.血液采集、运输和保存　对每批次屠宰的生猪的血液进行采集，屠宰批次按生猪来源划分。也可根据实际情况，在生猪进场前以车为单位，或宰前按批次（图2-12、图2-13），头头采集血液样品并等量混匀（图2-14）。对

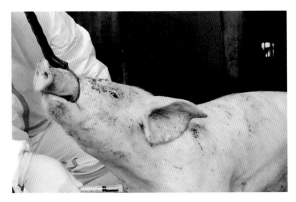

图2-12　非洲猪瘟快速检测：宰前头头采血

图2-13　非洲猪瘟快速检测：屠宰线采集血液

图2-14　非洲猪瘟快速检测：分装采集的血液样品

采集的血液样品，室温放置12～24小时，收集血清后，立即进行检测或冷冻保存备用。需要运输送样检测的，样品应冷藏运输。

2.检测方法　可采用荧光聚合酶链式反应（PCR）（图2-15）、核酸等温扩增以及双夹抗体酶联免疫吸附剂测定（ELISA）等病原学检测方法。

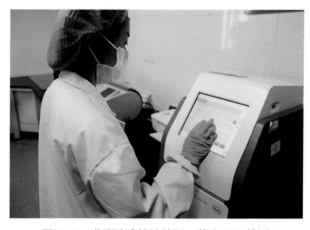

图2-15　非洲猪瘟快速检测：荧光PCR检测

二、头蹄及体表检查

1.体表观察　用检疫钩钩住生猪前肢顺时针旋转屠体，观察皮肤有无出血点、疹块、黄染、关节肿大等，观察肢体末端有无蓝紫色（图2-16）。

主要检查有无口蹄疫、猪瘟、非洲猪瘟、高致病性猪蓝耳病、猪丹毒、猪肺疫、咽炭疽、猪Ⅱ型链球菌病等引起的病理变化。

图2-16 头蹄及体表检查：观察皮肤状态

2.吻突、齿龈和蹄部检查 用检疫钩钩住生猪鼻孔拉起，使猪头侧向检疫员，观察吻突有无水疱、溃疡和烂斑等（图2-17）；左手持钩，钩住猪下唇，右手握刀，用刀的背面向相反方向扒开猪的上唇，打开口腔，观察唇内侧、齿龈、舌、硬腭等有无出血点、水疱、溃疡和烂斑；用检疫钩分

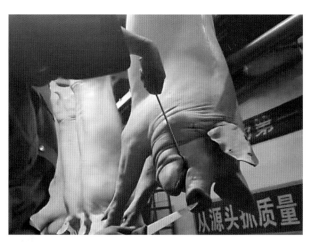

图2-17 头蹄及体表检查：观察吻突状态

别钩住2个前蹄，用检疫刀轻触蹄冠、蹄叉部，观察有无水疱、溃疡、烂斑等（图2-18）。

主要检查有无口蹄疫引起的病理变化。

图2-18 头蹄及体表检查：检疫刀轻触蹄冠、蹄叉检查有无异常

3.下颌淋巴结检查 用检疫钩钩住生猪放血孔，沿放血孔纵向切开下颌区（沿颈中部垂直向下直至舌骨体，一刀切开颈部皮肤暴露喉，然后向外收刀，以浅刀继续向下切开5～6厘米），剖开两侧下颌淋巴结视检有无肿大、坏死灶，切面是否呈砖红色，周围有无水肿、胶样浸润等病变（图2-19、图2-20）。剖检中要注意区分颌下腺和下颌淋巴结：颌下

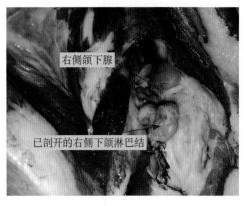

图2-19 头蹄及体表检查：剖检右侧下颌淋巴结

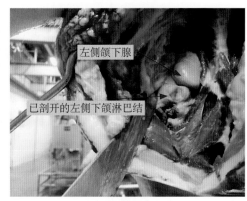

图2-20 头蹄及体表检查：剖检左侧下颌淋巴结

腺多为上尖下圆的扁圆形，长5～6厘米，淡红色可见分叶；下颌淋巴结呈卵圆形，较小，长2～3厘米，呈带皮花生大小，位于吊挂颌下腺的下方。

主要检查有无咽炭疽、猪瘟和非洲猪瘟等引起的病理变化。

4.咬肌检查　用检疫钩固定生猪头部，沿下颌骨外侧平行切开两侧咬肌（图2-21、图2-22），检查有无猪囊尾蚴。

主要检查有无猪囊尾蚴引起的病理变化。

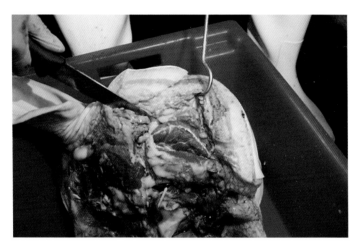

图2-21　头蹄及体表检查：剖检右侧咬肌

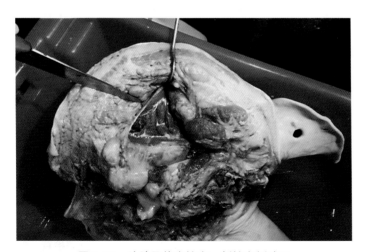

图2-22　头蹄及体表检查：剖检左侧咬肌

三、内脏检查

内脏检查是对胸、腹腔器官及相关淋巴结的检查。内脏检查在屠宰挑胸剖腹之后进行，取出内脏前，观察胸腔、腹腔有无积液、粘连、纤维素性渗出物。检查脾脏、肠系膜淋巴结有无肠炭疽；取出内脏后，检查心脏、肺脏、肝脏、脾脏、胃、肠、支气管淋巴结、肝门淋巴结等。

1.心脏检查　用检疫钩固定生猪心脏，视检心包，切开心包膜，检查有无变性、心包积液、渗出、淤血、出血、坏死等病变；用检疫钩固定心脏左纵沟处，在与左纵沟平行的心脏后缘房室分界处纵剖心脏，充分暴露心腔，用检疫刀刮拭心内膜和二尖瓣，检查心内膜、心肌、二尖瓣、血液凝固状态，以及有无"虎斑心"、菜花样赘生物、寄生虫等（图2-23）。

图2-23　内脏检查：纵剖心脏，检查有无异常

主要检查有无口蹄疫、猪瘟、非洲猪瘟、慢性猪丹毒、猪肺疫、猪链球菌病、副猪嗜血杆菌病、猪囊尾蚴和猪浆膜丝虫病等引起的病理变化。

2.肺脏检查 用检疫钩钩住生猪左肺尖叶根部固定肺脏，用检疫刀刮拭肺脏，视检肺脏形状、大小、色泽（图2-24）；用检疫刀触检肺脏弹性（图2-25），检查肺实质有无坏死、萎陷、气肿、水肿、淤血、脓肿、实变、结节、纤维素性渗出物等；剖开一侧支气管淋巴结（图2-26、图2-27），使其充分暴露，检查有无出血、淤血、肿胀、坏死等。

图2-24 内脏检查：检疫刀刮拭肺脏表面，视检有无异常

图2-25 内脏检查：检疫刀触检肺脏，检查其弹性有无异常

图2-26 内脏检查：纵剖右侧支气管淋巴结，检查有无异常

图2-27 内脏检查：纵剖左侧支气管淋巴结，检查有无异常

主要检查有无猪瘟、非洲猪瘟、高致病性猪蓝耳病、肺炭疽、猪肺疫、猪链球菌病、猪支原体肺炎、副猪嗜血杆菌病、猪肺丝虫病（肺线虫病）等引起的病理变化。

3.肝脏检查　用检疫刀刮拭生猪肝脏表面（图2-28），视检肝脏，观察肝脏形状、大小、色泽；用检疫刀触压肝脏，检查其弹性（图2-29），观察有无淤血、肿胀、变性、黄染、坏死、硬化、肿物、结节、纤维素性渗出物、寄生虫等病变；用检疫钩翻转肝脏，钩住肝门，剖开肝门淋巴结（图2-30），使其充分暴露，检查有无出血、淤血、肿胀、坏死等。

图2-28　内脏检查：检疫刀刮拭肝脏表面，检查有无异常

图2-29　内脏检查：检疫刀触压肝脏，检查其弹性有无异常

已剖开的肝门淋巴结

图2-30　内脏检查：剖开肝门淋巴结检查有无异常

　　主要检查有无猪瘟、非洲猪瘟、高致病性猪蓝耳病、猪副伤寒、猪Ⅱ型链球菌病、副猪嗜血杆菌病等引起的病理变化。

4.**脾脏检查**　左手沿生猪左侧腹壁伸进腹腔，找到脾脏，食指和拇指轻抚脾的两侧边沿，由脾体划向脾尾，抓住脾尾，将脾脏拉出腹腔，壁面朝上并外展，用检疫刀背从上至下刮拭脾脏表面（脾脏长度2/3以上）（图2-31），视检脾脏形状、大小、色泽；用检疫刀背按压脾脏，触检弹性，检查有无显著肿胀、淤血、颜色变暗、质地变脆、坏死灶、边缘出血性梗死、被膜隆起及粘连等。必要时剖检脾实质。

图2-31　内脏检查：用刀背触检脾脏有无异常

主要检查有无猪瘟、非洲猪瘟、高致病性猪蓝耳病、炭疽、猪丹毒、猪副伤寒、猪Ⅱ型链球菌病等引起的病理变化。

5.**胃和肠检查**　扇形展开生猪肠系膜（图2-32），视检肠浆膜，观察大小、色泽、质地，检查有无淤血、出血、坏死、胶冻样渗出物和粘连；对肠系膜淋巴结做长度不少于20厘米的弧形切口，充分暴露肠系膜淋巴结剖面（图2-33），检查有无增大、水肿、淤血、出血、坏死、溃疡等病变；充分暴露胃部，视检胃浆膜（图2-34），观察大小、色泽、质地，检查有无淤血、出血、坏死、胶冻样渗出物和粘连。必要时剖检胃、肠，检查黏膜有无淤血、出血、水肿、坏死、溃疡。

主要检查有无猪瘟、非洲猪瘟、高致病性猪蓝耳病、猪肺疫、肠炭疽、猪副伤寒、猪链球菌病、副猪嗜血杆菌病等引起的病理变化。

图2-32　内脏检查：提起回肠末端外展，可见带状肠系膜淋巴结

图2-33　内脏检查：纵剖肠系膜淋巴结观察有无异常

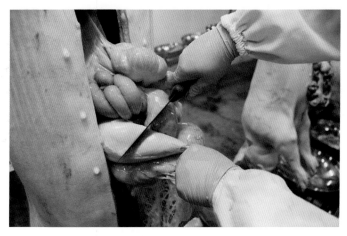

图2-34　内脏检查：检查胃浆膜有无异常

四、胴体检查

胴体检查设在内脏摘除和内脏检查之后，生猪胴体劈半之前或之后进行。检查内容主要包括整体检查、淋巴结检查、腰肌检查、肾脏检查。

1.整体检查　用检疫刀刮拭生猪胴体表面（图2-35），检查皮肤、皮下组织、脂肪、肌肉、淋巴结、骨骼以及胸腔、腹腔浆膜有无淤血、出血、疹块、黄染、脓肿和其他异常等。

主要检查有无猪瘟、非洲猪瘟、高致病性猪蓝耳病、炭疽、猪丹毒、猪肺疫、猪副伤寒、猪Ⅱ型链球菌病、副猪嗜血杆菌病等引起的病理变化。

图 2-35 胴体检查：检疫刀刮拭胴体表面，检查皮肤等有无异常

2.**淋巴结检查** 纵向剖检生猪左右两侧腹股沟浅淋巴结（图 2-36、图 2-37），检查有无淤血、水肿、出血、坏死、增生等病变。必要时剖检腹股沟深淋巴结、髂下淋巴结及髂内淋巴结。

主要检查有无猪瘟、非洲猪瘟、炭疽、高致病性猪蓝耳病、炭疽、猪丹毒、猪肺疫、猪副伤寒、副猪嗜血杆菌病等引起的病理变化。

图 2-36 胴体检查：纵剖右侧腹股沟浅淋巴结检查有无异常

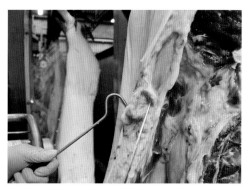

图 2-37 胴体检查：纵剖左侧腹股沟浅淋巴结检查有无异常

3.**腰肌检查** 沿生猪荐椎与腰椎结合部两侧顺肌纤维方向切开不少于10厘米切口，充分暴露腰肌（图 2-38），检查有无猪囊尾蚴。猪囊尾蚴寄生于肌肉内，为椭圆形半透明囊泡，平均大小犹如黄豆粒。

主要检查有无猪囊尾蚴。

图2-38　胴体检查：剖开左侧腰肌检查有无猪囊尾蚴

4.**肾脏检查**　用检疫钩钩住生猪肾窦部，剥离两侧肾被膜，充分暴露肾脏（图2-39、图2-40），视检肾脏形状、大小、色泽；触检肾脏，观察有无贫血、出血、淤血、肿胀等病变；纵向剖检一侧肾脏（图2-41），充分暴露肾皮质和髓质，检查切面皮质部有无颜色变化、出血及隆起等。

主要检查有无猪瘟、非洲猪瘟、猪丹毒、猪副伤寒、猪Ⅱ型链球菌病等引起的病理变化。

图2-39　胴体检查：勾住肾盂部并纵剖肾脏
　　　　　表面和包膜

图2-40　胴体检查：剥离肾脏包膜

图2-41 胴体检查：纵剖一侧肾脏检查有无异常

五、旋毛虫检查

1.左、右膈脚样品制备 检疫员左手持钩，钩住生猪左、右膈脚的肌腹部分；右手握刀，将膈脚上方的肌腱割断，向外拉紧膈脚，再向下纵切肌腹约30克横断，取出膈脚（图2-42、图2-43），编号后送检验室备检。

图2-42 旋毛虫检查：取膈脚

图2-43 旋毛虫检查：猪左、右膈脚

2.视检 撕去左、右膈脚共四面肌膜，进行感官检查，撕面注意检查，查看有无异常（图2-44、图2-45）。

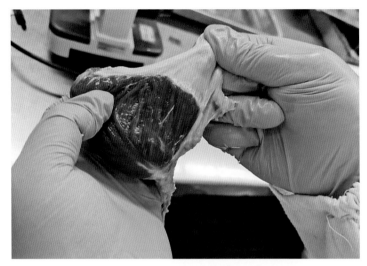

图2-44 旋毛虫检查：剪开并撕掉肌外膜

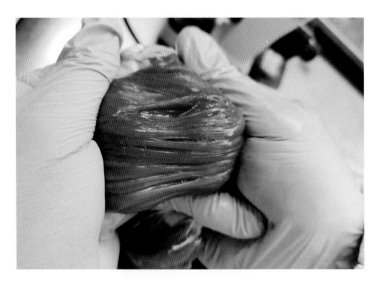

图2-45 旋毛虫检查：拉紧肌纤维，观察有无针尖大小旋毛虫包囊

3.镜检 每一面顺肌纤维各剪取6粒米粒大小的肉粒（图2-46），共24

粒，均匀放在载玻片上，排成两排（图2-47），另取一载玻片盖在肉粒上，用力适度压成厚度均匀的薄片（压片前载玻片上肉粒之间不能粘连，压片后肉粒肉汁不能压出载玻片）（图2-48），按照要求在显微镜下逐粒镜检，检查有无旋毛虫（图2-49）。

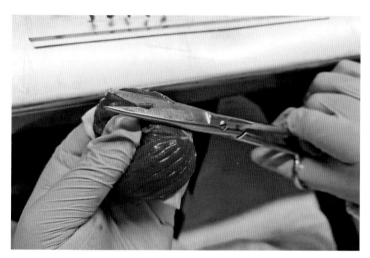

图2-46　旋毛虫检查：剪取米粒大小的肉样

图2-47　旋毛虫检查：24粒肉样在载玻片排成两排

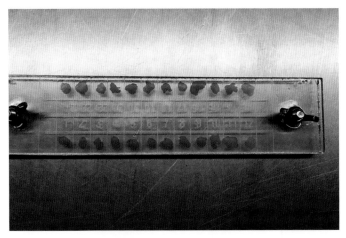

图2-48　旋毛虫检查：将盖玻片盖在载玻片上，拧紧螺丝

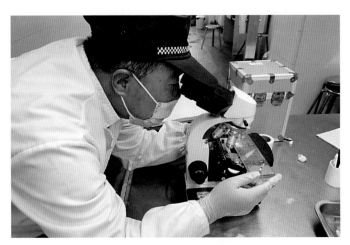

图2-49　旋毛虫检查：显微镜下观察有无旋毛虫

六、复　　检

复检是官方兽医对上述检疫情况进行全面的检验和复查，根据复查情况综合判定检疫结果（图2-50、图2-51）。复检岗位设置在胴体检查之后。

复检主要检疫有无猪瘟、非洲猪瘟、猪丹毒、猪Ⅱ型链球菌病等引起的病变。

图2-50 复检：复查胴体胸腔、腹腔、皮下脂肪、肌肉和肋
间等

图2-51 复检：复查体表有无异常

第三章　检疫对象

生猪检疫涉及的检疫对象包括口蹄疫、猪瘟、非洲猪瘟、高致病性猪蓝耳病、炭疽、猪丹毒、猪肺疫、猪副伤寒、猪Ⅱ型链球菌病、猪支原体肺炎、副猪嗜血杆菌病、丝虫病、猪囊尾蚴病、旋毛虫病、猪细小病毒病、猪伪狂犬病、猪传染性萎缩性鼻炎17种动物疫病。不同检疫规程规定的检疫对象有所不同（表3-1）。

表3-1　不同检疫规程规定的检疫对象

疫病名称	《生猪产地检疫规程》	《生猪屠宰检疫规程》	《跨省调运乳用种用动物产地检疫规程》
口蹄疫	√	√	√
猪瘟	√	√	√
非洲猪瘟	√	√	√
高致病性猪蓝耳病	√	√	√
炭疽	√	√	√
猪丹毒	√	√	√
猪肺疫	√	√	√
猪副伤寒		√	
猪Ⅱ型链球菌病		√	
猪支原体肺炎		√	√
副猪嗜血杆菌病		√	
丝虫病		√	

(续)

疫病名称	《生猪产地检疫规程》	《生猪屠宰检疫规程》	《跨省调运乳用种用动物产地检疫规程》
猪囊尾蚴病		✓	
旋毛虫病		✓	
猪细小病毒病			✓
猪伪狂犬病			✓
猪传染性萎缩性鼻炎			✓

第一节 口 蹄 疫

口蹄疫是由口蹄疫病毒引起的偶蹄动物的急性、热性、高度接触性传染病，人也可被感染。

【临床症状】主要特征是患猪口腔黏膜、蹄部、乳房皮肤发生水疱和烂斑。

（1）患猪卧地不起。

（2）患猪唇部、舌面、齿龈、鼻镜、蹄踵、蹄叉、乳房等部位出现水疱；发病后期，水疱破溃、结痂（图3-1至图3-3），严重者蹄壳脱落，恢复期可见瘢痕、新生蹄甲。

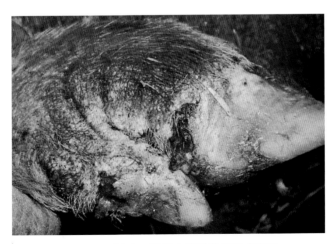

图3-1 口蹄疫：蹄部水疱破裂后形成烂斑

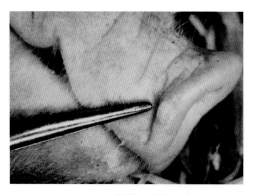

图 3-2　口蹄疫：吻突水疱

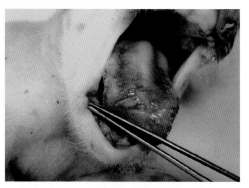

图 3-3　口蹄疫：舌部溃疡

（3）传播速度快，发病率高；成年猪死亡率低，幼畜常突然死亡且死亡率高，仔猪常成窝死亡。

【病理变化】

（1）消化道可见水疱、溃疡。

（2）患猪可见心壁上有灰白色或黄白色的斑纹，形色酷似虎斑，即"虎斑心"（图3-4）。

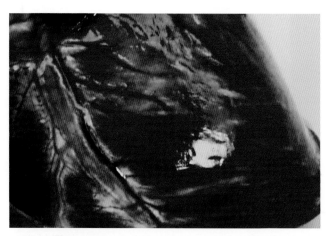

图 3-4　恶性口蹄疫：心室壁上灰白色和黄白色条纹——"虎斑心"

第二节 猪 瘟

猪瘟是由猪瘟病毒引起的猪的一种急性、热性、高度传染性和致死性的传染病。

【临床症状】

（1）发病急、死亡率高。

（2）患猪体温通常升至41℃以上、厌食、畏寒。

（3）患猪腹部皮下、鼻镜、耳尖、四肢内侧均可出现紫色出血斑点（图3-5），指压不褪色，眼结膜和口腔黏膜可见出血点。

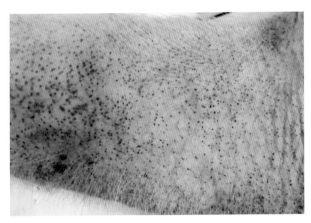

图3-5 猪瘟：皮肤出血点

（引自李云岗， 2011）

（4）患猪先便秘后腹泻，或便秘和腹泻交替出现。

【病理变化】特征性病变是患猪各器官组织出血，在皮肤、浆膜、黏膜、淋巴结等处常有不同程度的出血变化，以肾和淋巴结出血最为常见。

（1）淋巴结外表肿大，呈暗红色，切面呈弥散性出血或周边性出血，红白颜色相杂呈大理石样（图3-6），多见于腹腔内淋巴结和下颌淋巴结。

（2）肾脏颜色变淡，呈土黄色，表层有圆形小出血点，俗称"雀斑肾"（图3-7）；切开肾脏可见皮质、髓质、肾盂部有出血。

图3-6　猪瘟：淋巴结出血、肿大，切面呈大理石花纹样

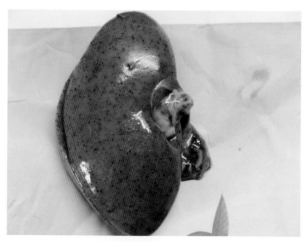

图3-7　猪瘟：肾脏出血，称为"雀斑肾"

（引自李云岗， 2011）

（3）脾脏不肿大，边缘有出血梗死灶，呈紫红色至黑红色，隆起于脾表面（图3-8）。

（4）患猪全身浆膜、黏膜和心脏、膀胱、胆囊、扁桃体均可见出血点和出血斑（图3-9、图3-10）。

（5）慢性猪瘟的患猪在回肠末端、盲肠和结肠常见"纽扣状"溃疡（图3-11）。

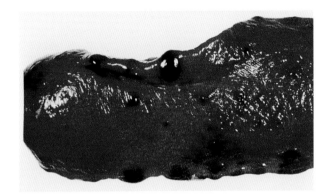

图3-8 猪瘟：脾脏出血性梗死

图3-9 猪瘟：膀胱浆膜出血点或出血斑

图3-10 猪瘟：大肠浆膜出血点

图 3-11　猪瘟：回肠末端和盲肠、结肠黏膜"扣状肿"

第三节　非洲猪瘟

非洲猪瘟是由非洲猪瘟病毒引起的一种急性、热性、高度接触性、高致死性的传染性疾病。猪是唯一的易感动物。

【临床症状】

（1）最急性型　患猪无明显临床表现突然死亡。

（2）急性型　患猪体温可高达42℃，沉郁，厌食，耳、四肢、腹部皮肤有出血点（图3-12、图3-13），耳、腹部、后腿和臀部呈现蓝紫色斑块、

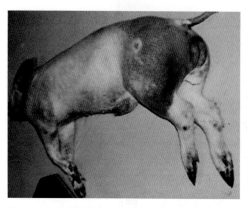

图 3-12　非洲猪瘟：胸部、腹部、四肢、会阴、尾部皮肤发红，有出血点

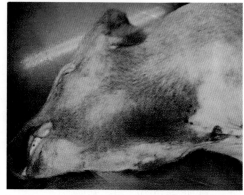

图 3-13　非洲猪瘟：颈部皮肤发红，有出血点

坏死病变（图3-14、图3-15），可视黏膜潮红发绀。眼、鼻有黏液性脓性分泌物（图3-16）；呕吐；便秘，粪便表面有血液和黏液覆盖，腹泻，粪便带血。共济失调或步态僵硬，呼吸困难，病程延长则出现瘫痪、抽搐等其他神经症状。妊娠母猪流产。病死率可达100%。病程4 ～ 10天。

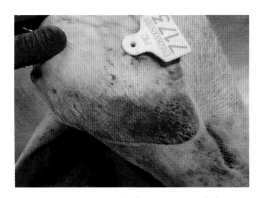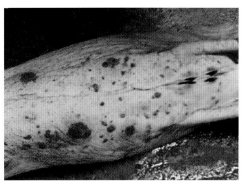

图3-14　非洲猪瘟：耳尖呈蓝紫色　　　　图3-15　非洲猪瘟：腹部有坏死病变

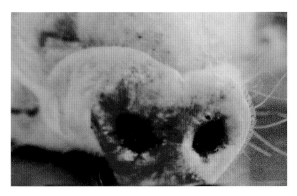

图3-16　非洲猪瘟：口鼻有带血的泡沫

（3）亚急性型　症状与急性相同，但病情较轻，病死率较低。患猪体温波动无规律，一般高于40.5℃。仔猪病死率较高，病程5 ～ 30天。

（4）慢性型　　患猪呈波状热，呼吸困难，湿渴。消瘦或发育迟缓，体弱，毛色暗淡。关节肿胀，皮肤溃疡。死亡率低。病程2 ～ 15个月。

【病理变化】典型病理变化是患猪内脏器官出血，特别是淋巴结、脾脏、肾脏等部位，可见肠阻塞、出血、淋巴结出血，脾脏出血、肿大，腹腔脏器呈黑色、质脆易碎。最急性型的个体可能不出现明显的病理变化。

（1）心内膜、心外膜、心耳有出血点，心包有淡黄色积液（图3-17）。

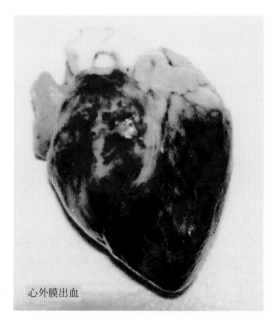

心外膜出血

图3-17　非洲猪瘟：心脏外膜有出血点，心耳有
　　　　出血点

（2）肺肿大、淤血、出血（图3-18）；气管、支气管充满泡沫和淡黄色
液体。

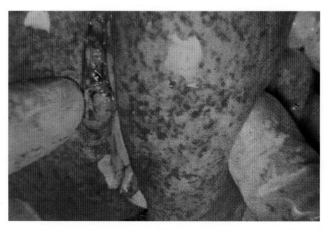

图3-18　非洲猪瘟：肺脏膨大、充血、出血和水肿

（3）肝肿大，表面有出血点，肝门淋巴结肿大、出血（图3-19）；胆囊出血。

图3-19 非洲猪瘟：肝脏肿大、出血，肝门淋巴结出血，呈黑褐色

（4）脾脏显著肿胀、淤血、颜色变暗、质地变脆（图3-20）。

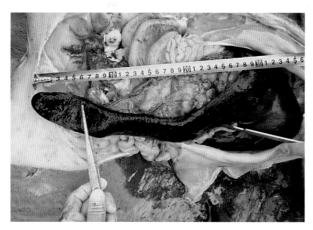

图3-20 非洲猪瘟：脾脏肿胀、淤血、颜色变暗
（引自赵光明， 2018）

（5）胃浆膜和黏膜出血（图2-21）；肠系膜淋巴结肿大、出血，切面出血（图3-22）。

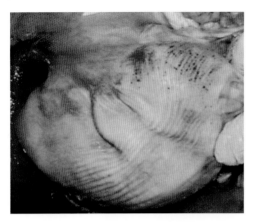

图3-21　非洲猪瘟：胃浆膜出血

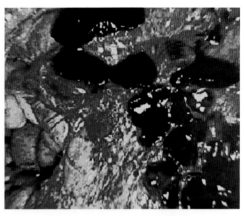

图3-22　非洲猪瘟：肠系膜淋巴结几乎由血
液取代，整个淋巴结变成了血肿

（6）"雀斑肾"（图3-23）；肾乳头肿大，肾盂有出血点（图3-24）。

图3-23　非洲猪瘟：肾脏肿大、出血，犹如
猪瘟的"雀斑肾"
（引自赵光明，2018）

图3-24　非洲猪瘟：肾盂出血，肾乳头肿大
（引自赵光明，2018）

第四节　高致病性猪蓝耳病

高致病性猪蓝耳病是由猪繁殖与呼吸综合征（俗称蓝耳病）病毒变异株引起的一种急性高致死性动物疫病。

【临床症状】患猪体温明显升高，可达41℃以上；躯体末端发绀，耳蓝紫（图3-25）；眼结膜炎、眼睑水肿（图3-26）；咳嗽、气喘等呼吸道症状；

图3-25　高致病性猪蓝耳病：双耳发绀，呈
蓝紫色
（引自刘安典， 2006）

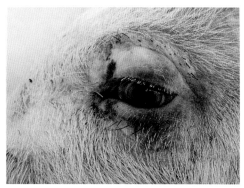

图3-26　高致病性猪蓝耳病：眼睑水肿

部分猪出现后躯无力、不能站立或共济失调等神经症状；仔猪发病率可达
100％、死亡率可达50％以上，母猪流产率可达30％以上，成年猪也可发
病死亡。

【病理变化】特征性病变发生在肺部，主要以间质性肺炎为特点。

（1）肺膨大、淤血，呈暗红色（图3-27），肺间质增宽，小叶明显；
胸腔有积液。

图3-27　高致病性猪蓝耳病：肺脏淤血、水肿

（引自刘安典， 2006）

（2）肝肿大，呈暗红或土黄色，质脆；胆囊扩张，胆汁黏稠。

（3）脾肿大，表面有米粒大出血丘疹。

（4）肠系膜淋巴结灰白色，切面外翻。

（5）皮下可见出血点和出血斑。淋巴结肿大，呈灰白色，切面外翻（图3-28）。

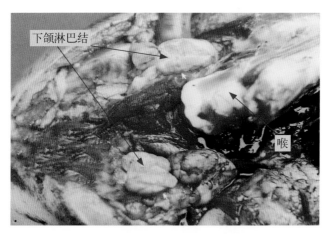

图3-28　高致病性猪蓝耳病：下颌淋巴结肿大，呈灰白色

第五节　炭　疽

炭疽是由炭疽杆菌引起的一种急性、热性、败血性传染病。

【临床症状】

（1）咽炭疽　患猪高热41℃以上，咽喉部、颈部、前胸显著肿大，即"腮大脖子粗"（图3-29），可视黏膜发绀，咽喉肿胀变窄，呼吸困难、吞咽困难，严重者窒息死亡。

（2）肠炭疽　患猪体温升高，持续性便秘或血痢，或便秘、血痢交替发生，腹痛。

（3）败血型炭疽　患猪体温升高，可视黏膜发绀，粪便带血。

【病理变化】

（1）咽炭疽 咽喉部、颈部以及前胸急性肿胀，黏膜下组织胶样浸润。头颈部淋巴结，尤其是下颌淋巴结急剧肿大数倍（可达鸭蛋大），切面樱桃红色或砖红色，中央有黑色凹陷坏死灶，脆而硬，刀割有沙粒感，淋巴结周围胶样浸润（图3-30）。

图3-29 咽炭疽："腮大脖子粗"

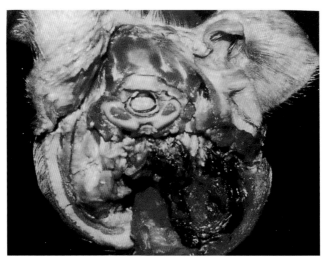

图3-30 咽炭疽：淋巴结出血坏死，呈砖红色，周围组织出血性浸润

（2）肠炭疽　肠系膜淋巴结肿大、出血，呈砖红色，脆而硬（图3-31）；小肠和大肠淤血、出血，呈黑红色（图3-32）。

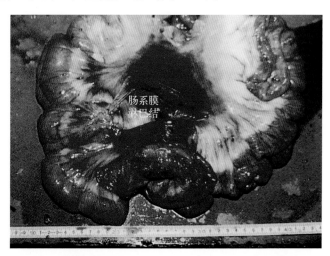

图3-31　肠炭疽：淋巴结出血，呈砖红色，肠系膜出血性浸润

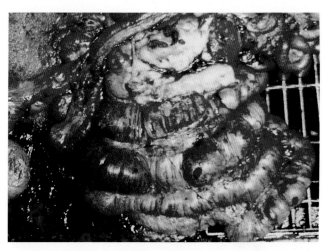

图3-32　肠炭疽：肠出血，呈黑红色

（3）败血型炭疽　患猪脾脏极度肿大，切面黑红色，脾髓呈泥状（图3-33）。

（4）肺炭疽　肺脏有肿块，脆而硬，呈暗红色，支气管淋巴结肿大，呈砖红色，周围有胶样浸润。

图3-33　败血性炭疽：脾脏极度肿大，呈黑红色，柔软呈泥状

第六节　猪 丹 毒

猪丹毒是由猪丹毒杆菌引起的一种急性、热性传染病。

【临床症状】

（1）急性型　急性经过，患猪突然死亡；体温升高达42℃以上，呈稽留热；精神沉郁，喜卧，不愿走动，厌食，有的呕吐；感染后2～3天猪的耳后、颈部、胸腹部等部位出现各种形状的暗红色或暗紫色丘疹，用手指按压褪色（图3-34）。

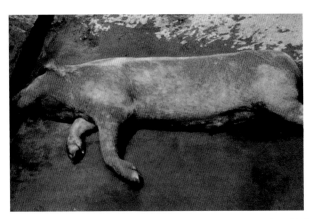

图3-34　急性败血型猪丹毒：全身紫红色，俗称"大红袍"

（2）亚急性型　患猪食欲减退，体温升高至41℃以上，精神不振，不愿走动；发病1～3天后胸、腹、背、肩、四肢外侧等部位皮肤出现方形、菱形或圆形的紫红色疹块，稍突起于皮肤表面，用手指按压褪色（图3-35）。

图3-35　亚急性型疹块型猪丹毒：疹块
隆起于皮肤，指压褪色
（引自刘小燕，2019）

（3）慢性型　浆液性纤维素性关节炎：患猪四肢关节肿胀、变形，肢体僵硬，出现跛行（图3-36），严重者卧地不起。心内膜炎：患猪精神萎靡、消瘦，不愿走动，呼吸急促；听诊心脏有杂音，心律不齐；背、肩、耳、蹄和尾部等皮肤坏死，可能出现皮肤坏疽、结痂（图3-37）。

【病理变化】

（1）急性型　肾脏肿大，呈花斑状，外观呈暗红色，俗称"大红肾"（图3-38）。脾脏明显肿大，呈樱桃红色，切面外翻（图3-39），用刀背刮有多量的血粥样物。脾切面的白髓周围有"红晕"现象。全身淋巴结肿大，暗红色，切面隆突外翻，有斑点状出血（图3-40）。

（2）慢性型

①心内膜炎型　二尖瓣上有灰白色菜花样血栓性增生物（图3-41）。

图3-36 慢性浆液性纤维素性关节炎型猪丹毒：患猪左后肢跗关节肿大，出现跛行

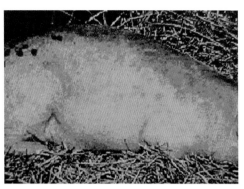

图3-37 慢性皮肤坏死型猪丹毒：患猪全身有形状不一的红斑，臀部及荐部有黑褐色的局部性坏死

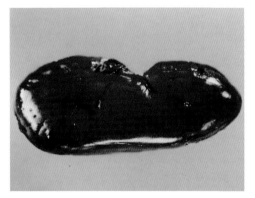

图3-38 急性猪丹毒：肾脏肿大，呈暗红色，有出血点，俗称"大红肾"

图3-39 急性猪丹毒：脾脏明显肿大，呈紫红色，边缘钝圆，切面外翻

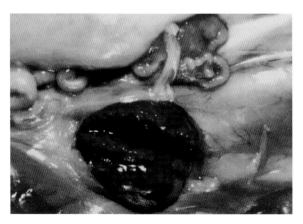

图3-40 急性猪丹毒：淋巴结出血、肿大，呈暗红色，切面隆突外翻

②关节炎型　常与心内膜炎型同时出现，患猪四肢关节肿胀、变形，有大量浆液性纤维素性渗出物（图3-42）。

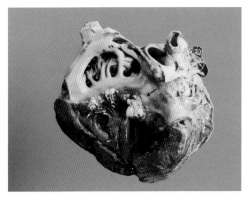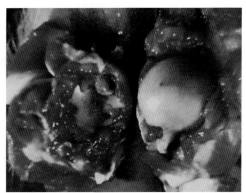

图 3-41　慢性型猪丹毒：心内膜炎型，二尖瓣上有菜花样血栓性增生物

图 3-42　慢性型猪丹毒：关节炎型，髋关节窝内的滑膜大量增生，使关节窝变形

第七节　猪 肺 疫

猪肺疫是由多杀性巴氏杆菌引起的一种急性、败血型传染病。

【临床症状】患猪出现高热；呼吸困难，继而哮喘，口鼻流出泡沫或清液；颈下咽喉部急性肿大、变红、高热、坚硬；腹侧、耳根、四肢内侧皮肤出现红斑，指压褪色。

【病理变化】患猪全身皮肤淤血而发绀（图3-43），有紫红色斑块；全身黏膜、浆膜和皮下组织有出血点。

（1）咽喉部肿胀，黏膜水肿，切开皮肤有大量胶冻样淡红黄色液体。

（2）肺脏水肿，有大量红色肝变区和出血斑块（图3-44），肺脏表面呈大理石花纹样；肺脏表面覆盖纤维素薄膜，与胸腔粘连。

（3）全身淋巴结肿大、出血，特别是下颌、咽后及颈部淋巴结高度肿大、出血，切面呈大理石花纹样（图3-45）。

（4）胸腔积液，内含纤维蛋白混浊液。

（5）心包积液，呈淡红黄色，混浊有絮状物，心外膜覆盖纤维蛋白，呈绒毛状，称为"绒毛心"（图3-46）。

图3-43 猪肺疫：咽喉肿胀坚硬，全身皮肤发绀

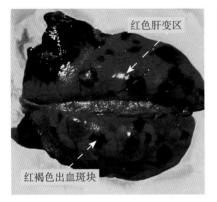

图3-44 猪肺疫：肺脏表面红色肝变区内散在大量红褐色出血斑块

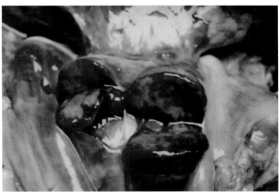

图3-45 猪肺疫：支气管淋巴结肿大、出血，切面呈大理石花纹样

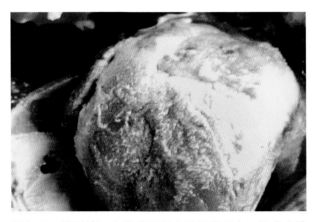

图3-46 猪肺疫：心外膜覆有大量纤维蛋白，形成"绒毛心"

第八节　猪副伤寒

猪副伤寒，又名猪沙门氏杆菌病，主要侵害2～4月龄仔猪。

【临床症状】患猪出现体温明显升高（40℃以上）、畏寒怕冷，扎堆取暖（图3-47），腹痛尖叫；耳、头、颈、腹下等部位及四肢内侧皮肤发紫；眼结膜炎或有脓性分泌物；腹泻、下痢，排出灰白色、淡黄色或暗绿色恶臭水样粪便，混有大量坏死组织碎片或纤维素性分泌物（图3-48）。

图3-47　猪副伤寒：患猪发热，畏寒怕冷，扎堆取暖

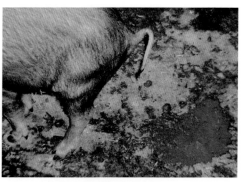

图3-48　猪副伤寒：患猪腹泻，排出暗绿色稀便，有恶臭

【病理变化】患猪全身淤血，皮肤有紫斑（图3-49）；全身浆膜、黏膜有出血点（图3-50）。

图3-49　猪副伤寒：死于败血症的仔猪，皮肤淤血并有紫斑，臀部及肛门周围被稀便污染

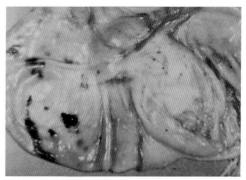

图3-50　猪副伤寒：胃黏膜充血、肿胀，并有出血点和斑块

（1）肝脏肿大、淤血，有点状出血，表面和切面有副伤寒结节（图3-51）；慢性副伤寒肝门淋巴结明显肿大，切面呈灰白色脑髓样结构。

（2）脾脏肿大，硬似橡皮，呈暗紫色，有出血点（图3-52），切面有"红晕"现象。

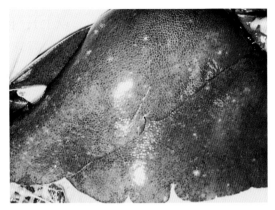

图3-51　猪副伤寒：肝脏表面和切面有灰白色副伤寒结节

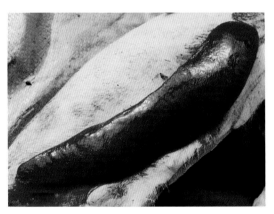

图3-52　猪副伤寒：脾肿大，有出血点和红色出血斑

（3）小肠壁菲薄，内含大量气体，肠壁有点状出血（图3-53）；肠系膜淋巴结明显肿大，有出血点，切面呈灰白色脑髓样结构（图3-54）。

（4）全身淋巴结肿大、出血。急性型肠系膜淋巴结肿大明显；慢性型肠系膜、咽后、肝门淋巴结明显肿大，切面呈灰白色脑髓样结构。

（5）急性型肾脏肿大，点状出血，肾盂黏膜有出血点。

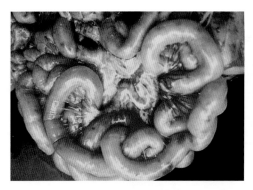

图3-53　猪副伤寒：小肠壁菲薄，有点状出血，内含大量气体

图3-54　猪副伤寒：肠系膜淋巴结充血、肿大，表面有点状出血

（6）慢性副伤寒盲肠、结肠黏膜覆盖灰黄或淡绿色糠麸样假膜，脱落后可形成溃疡（图3-55）。

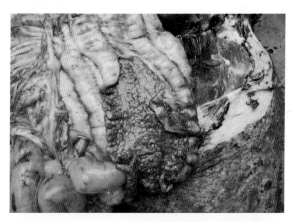

图3-55　猪副伤寒：肠黏膜覆盖糠麸样坏死假膜

（引自李云岗，2007）

第九节　猪Ⅱ型链球菌病

猪Ⅱ型链球菌病是由血清Ⅱ型的溶血性链球菌引起的人畜共患传染病。

【临床症状】

（1）败血型　患猪体温升高至41℃左右，呼吸困难，喜饮水；颈下、胸下、腹下、会阴部及四肢末端皮肤呈紫红色，有出血点（图3-56）。

（2）脑膜炎型　患猪运动失调，磨牙，口吐白沫，做转圈运动，或尖叫、抽搐，或突然倒地四肢划动似游泳状；死前出现角弓反张（图3-57）。

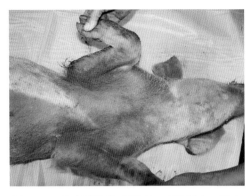
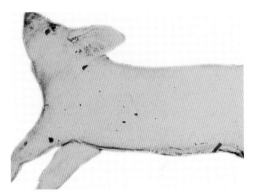

图3-56　败血型猪链球菌病：皮肤淤血、出血（引自刘安典，2006）

图3-57　脑膜炎型猪链球菌病：患猪死前出现角弓反张

（3）关节炎型　患猪关节肿大、变形，或破损流脓，出现跛行或瘫痪（图3-58、图3-59）。

（4）淋巴结脓肿型　以下颌部、咽部、颈部等处淋巴结化脓和形成脓肿为特征。

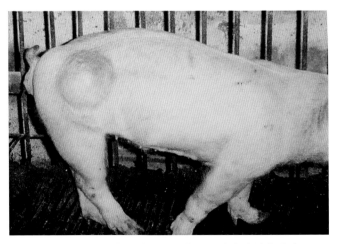

图3-58　关节炎型猪链球菌病：化脓性髋关节脓肿

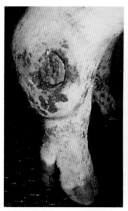
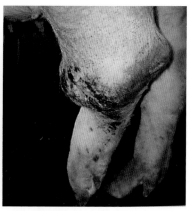

图3-59　链球菌引起的关节脓肿

【病理变化】

（1）败血型　剖检患猪可见鼻黏膜紫红色、充血及出血，喉头、气管充血，常有大量泡沫；肺充血、肿胀（图3-60、图3-61）。全身淋巴结有不同程度的肿大、充血和出血；脾脏肿大1～3倍（图3-62），呈暗红色，边缘有黑红色出血性梗死区；肝脏肿大，呈暗红色，边缘钝圆，质硬，肝叶之间及下缘有纤维素附着；肾脏稍肿大，呈暗红色，有出血点；膀胱黏膜充血，可见小出血点；心外膜有鲜红色出血斑（图3-63）；胃和小肠黏膜有不同程度的充血和出血；脑膜充血和出血，有的脑切面可见针尖大的出血点。

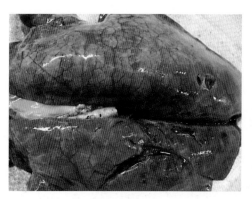

图3-60　败血型猪链球菌病：肺膨大、水肿、出血
　　　（引自刘安典，2006）

图3-61　败血型猪链球菌病：化脓性肺炎

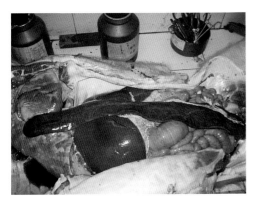

图 3-62 败血型猪链球菌病：脾脏肿大 1 ~ 3 倍
（引自李云岗， 2010）

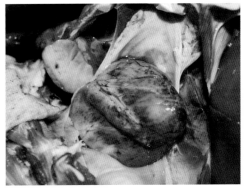

图 3-63 败血型猪链球菌病：心外膜淤血、充血
（引自李云岗， 2011）

（2）脑膜炎型 脑水肿、淤血，脑脊液增多（图 3-64）。

（3）关节炎型 患猪关节肿大、变形，关节腔内有混浊的关节液，内含黄白色奶酪样块状物，关节软骨面糜烂，周围组织有多发性化脓灶（图 3-65）。

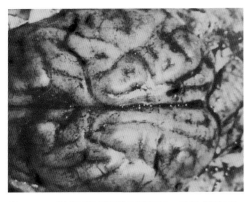

图 3-64 脑膜炎型猪链球菌病：脑软膜充血，有淤血斑，脑脊液增多，水肿，脑回变扁平

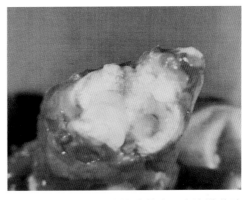

图 3-65 关节炎型猪链球菌病：患猪关节肿大，关节液增多，关节周围滑膜和结缔组织增生

（4）淋巴结脓肿型 剖检患猪可见关节腔内有黄色胶冻样或纤维素性、脓性渗出物，淋巴结脓肿（图 3-66）。

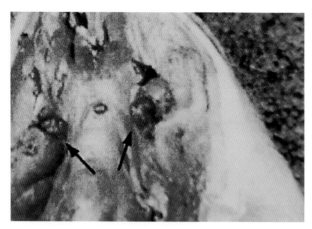

图3-66　淋巴结脓肿型猪链球菌病：下颌淋巴结淤血、肿大，伴发化脓性炎灶

第十节　猪支原体肺炎

猪支原体肺炎是由猪肺炎支原体引起的一种慢性呼吸道传染病。

【临床症状】患猪体温、精神均无明显变化，出现咳嗽和气喘，大多为单声干咳，呼吸困难，喘鸣，呈明显的腹式呼吸或犬坐姿势（图3-67）。

【病理变化】两肺高度膨胀，严重水肿和气肿，几乎充满整个胸腔，有肋压痕（图3-68）。肺的尖叶、心叶、中间叶和膈叶的前下缘出现左右对称

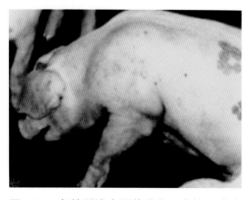

图3-67　急性型猪支原体肺炎：患猪呈犬坐姿势，剧烈痉挛性咳嗽

图3-68　猪支原体肺炎：肺高度膨胀，充满整个胸腔

性病灶，形成"八"字形，病变区如鲜嫩肉样，俗称"肉样变"（图3-69）；病程延长，病变区似胰脏组织样，俗称"胰样变"（图3-70）；支气管淋巴结和纵隔淋巴结显著肿大，质地坚实，切面呈灰白色。

图 3-69　猪支原体肺炎：肺尖叶、心叶、膈叶呈"肉样变"
　　　　　（引自李云岗， 2012）

图 3-70　猪支原体肺炎：肺尖叶、心叶、膈叶呈"胰样变"

第十一节　副猪嗜血杆菌病

副猪嗜血杆菌病多因生猪长途运输疲劳、抵抗力降低或应激性刺激而激发感染所致。

【临床症状】患猪出现全身皮肤淤血，四肢末端、耳部、胸背部呈蓝紫色（图3-71）；高热，呼吸困难，频率加快，浅表呼吸；关节肿胀，侧卧或震颤，驱赶时尖叫，跛行（图3-72）。

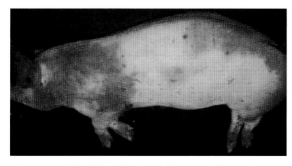 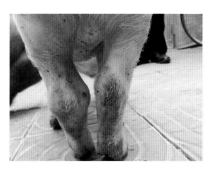

图 3-71　副猪嗜血杆菌病：患猪四肢末端、耳部、胸背部呈蓝紫色淤血斑

图 3-72　副猪嗜血杆菌病：患猪关节肿胀
　　　　　（引自李云岗， 2008）

【病理变化】患猪胸、腹腔器官，以及胸膜、腹膜表面，有淡黄色蛋皮样的纤维素性薄膜覆盖（图3-73、图3-74），使器官之间发生粘连，出现胸腔积液；纤维性渗出物包裹心外膜，形成"绒毛心"，出现心包粘连和积液（图3-75）；关节肿胀，关节面覆盖"弹花样"白色纤维蛋白，关节腔有混浊积液，含淡黄色纤维素性渗出物；全身淋巴结肿大，切面呈灰白色。

图3-73　副猪嗜血杆菌病：肺脏覆盖纤维蛋白薄膜

（引自刘安典，2006）

图3-74　副猪嗜血杆菌病：肝脏、脾脏、肠浆膜覆盖纤维蛋白薄膜

（引自李云岗，2009）

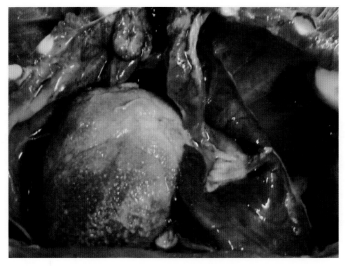

图3-75　副猪嗜血杆菌病：心包积液，心外膜形成"绒毛心"

（引自李云岗，2009）

第十二节　丝　虫　病

感染猪的丝虫病主要是猪浆膜丝虫病和猪肺线虫病。以下主要介绍猪浆膜丝虫病。

【临床症状】患猪体温升高，精神委顿，惊悸吼叫；眼结膜严重充血，有黏性分泌物；黏膜发绀，呼吸极度困难，离群独居。

【病理变化】猪浆膜丝虫寄生于心脏的前后纵沟和冠状沟部位的心外膜淋巴管内，在心脏表面形成芝麻粒大小、灰白色圆形或椭圆形的透明包囊（图3-76），包囊内可见白色卷曲的虫体，数量多时可在心脏表面形成条索状（图3-77）。虫体钙化后形成针尖大小的沙粒状的钙化结节。猪浆膜丝虫还寄生在肝、胆囊、子宫及肺动脉基部的浆膜淋巴管内。

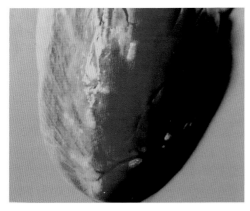 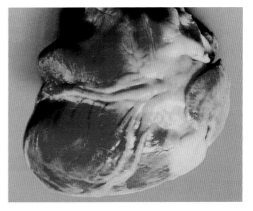

图3-76　猪浆膜丝虫病：心外膜表面有乳白色水泡样的浆膜丝虫寄生虫病灶，形成包囊

图3-77　猪浆膜丝虫病：心脏纵沟淋巴管有浆膜丝虫寄生，呈乳白色条索状

第十三节　猪囊尾蚴病

猪囊尾蚴病是由猪带绦虫的幼虫感染猪引起的一种人畜共患传染病。

【临床症状】一般不明显，患猪出现"肩宽臀大"哑铃状，眼球突出；触摸耳根及舌上、下面有囊虫的黄豆粒大小结节。

【病理变化】剖检咬肌、腰肌、心肌等猪囊尾蚴主要寄生的部位可见明显的病理变化（图3-78、图3-79）。

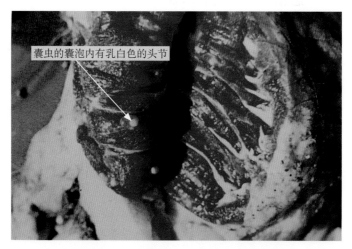

囊虫的囊泡内有乳白色的头节

图3-78　猪囊尾蚴病：猪屠宰后剖检咬肌，肌纤维间有半透明状的囊尾蚴囊泡

图3-79　猪囊尾蚴病：肌肉内囊尾蚴的放大图片，囊泡呈半透明状

第十四节　旋毛虫病

旋毛虫病是由旋毛线虫引起的人畜共患传染病。

【临床症状】患猪无明显的临床症状。

【病理变化】幼虫主要寄生于膈肌、咬肌等横纹肌，视检可见虫体包囊为针尖大小的露滴状，半透明，呈乳白色或灰白色；新鲜标本光镜下包囊呈梭形，内有卷曲的1条或数条虫体（图3-80）。

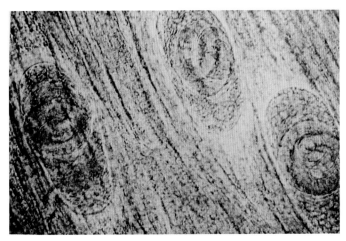

图3-80　旋毛虫病：新鲜标本压片，可见肌肉内的梭形包囊，内有卷曲的幼虫（×60）

第十五节　猪细小病毒病

猪细小病毒病是由猪细小病毒引起的一种猪繁殖障碍病。

【临床症状】主要表现为胚胎和胎儿的感染和死亡，特别是初产母猪发生死胎、畸形胎和木乃伊胎（图3-81），但母猪本身无明显症状。

【病理变化】感染母猪子宫内膜有轻度炎症，胎盘有部分钙化（图3-82）；感染的胎儿表现不同程度的发育障碍和生长不良，剖检可见胎儿充血、出血和水肿、体腔积液及坏死等病理变化。

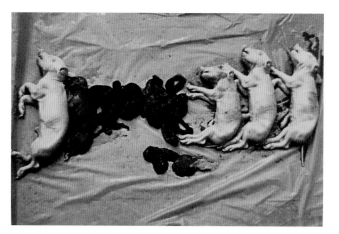

图 3-81　猪细小病毒病：不同发育阶段的死胎及木乃伊胎

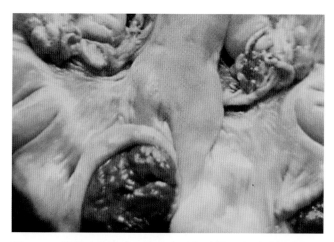

图 3-82　猪细小病毒病：不含木乃伊胎的子宫黏膜轻度充血和发生炎症

第十六节　猪伪狂犬病

　　猪伪狂犬病是由伪狂犬病病毒引起的一种传染病。

　　【临床症状】哺乳仔猪多以中枢神经系统发生障碍为特征（图3-83）；母猪感染后常发生流产、产死胎、弱仔、木乃伊胎等症状；青年母猪和空

图 3-83　猪伪狂犬病：仔猪神经症状

（引自李云岗，　2013）

怀母猪常出现返情而屡配不孕或不发情；公猪常出现睾丸肿胀、萎缩，性功能下降等症状。

【病理变化】剖检特征不明显，剖检脑膜淤血、出血（图3-84）。

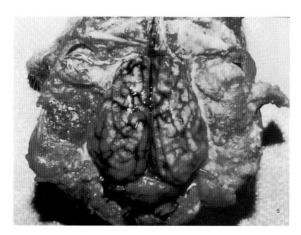

图 3-84　猪伪狂犬病：软脑膜充血，下脑沟积有出血性水肿液

第十七节　猪传染性萎缩性鼻炎

猪传染性萎缩性鼻炎是由支气管败血波氏杆菌或（和）产毒素多杀性巴氏杆菌引起的猪的一种慢性呼吸道传染病。

【临床症状】患猪初期表现为普通鼻炎，随病情加重，鼻甲骨开始萎缩，导致面部变形(上额短缩，前齿咬合不齐等)（图3-85），鼻炎症状更为严重，气喘，发出鼾声，吸气艰难甚至是张口呼吸。

【病理变化】患猪鼻甲骨萎缩甚至完全消失，使鼻腔变成一个鼻道（图3-86）。

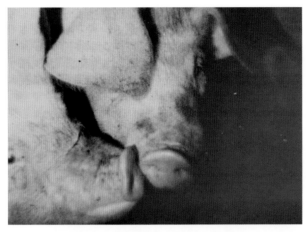

图3-85 猪传染性萎缩性鼻炎：患猪鼻甲骨萎缩，鼻部塌陷或鼻端歪向一侧

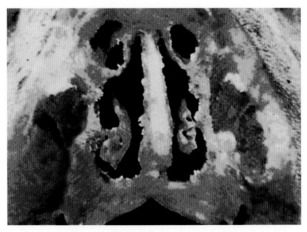

图3-86 猪传染性萎缩性鼻炎：横断鼻部，鼻甲骨上、下卷曲，轻度萎缩，鼻道增大，畸变

第四章 实验室检测

生猪经检疫怀疑患有检疫规程中规定的动物疫病以及跨省调运的种猪，均须进行实验室检测，前者参照相应动物疫病防治技术规范实施。本章重点对跨省调运种猪须实施的6种动物疫病实验室检测进行解读。

第一节 检测资质

具有检测资质的实验室有省级动物疫病预防控制机构、经省级畜牧兽医主管部门授权的市（县）级动物疫病预防控制机构，以及经省级畜牧兽医主管部门授权的通过质量技术监督部门资质认定的第三方检测机构。

第二节 检测方法和要求

一、检测方法

1. 口蹄疫 按照《口蹄疫防治技术规范》（DB51/T 781—2008）、《口蹄疫诊断技术》（GB/T 18935—2018）进行病原学检测、抗体检测。

2. 猪瘟 按照《猪瘟防治技术规范》（DB51/T 475—2018）、《猪瘟诊断技术》（GB/T 16551—2020）进行病原学检测、抗体检测。

3. 猪繁殖与呼吸综合征 按照《猪繁殖与呼吸综合征诊断方法》（GB/T 18090—2008）进行病原学检测和抗体检测。

4. 猪圆环病毒病 按照《猪圆环病毒聚合酶链反应试验方法》（GB/T 21674—2008）进行病原学检测。

5. 非洲猪瘟 按照《非洲猪瘟疫情应急实施方案》进行病原学检测。

6.布鲁氏菌病　按照《家畜布鲁氏菌病防治技术规范》(DB51/T 1849—2014)、《动物布鲁氏菌病诊断技术》(GB/T 18646—2018) 进行抗体检测（表4-1）。

二、检测要求

1.检测数量　调运的所有种猪均需要检测，即检测率达到100%。

2.检测时限

（1）病原学检测时限　口蹄疫、猪瘟、猪繁殖与呼吸综合征、猪圆环病毒病均是种猪调运前3个月有效，非洲猪瘟是调运前3天有效。

（2）抗体检测时限　种猪调运前1个月。

3.检测结果

（1）病原学检测结果　对疫病进行病原学检测的，抗原检测结果阴性为检测合格。

（2）抗体检测结果　对疫病进行抗体检测的，根据是否进行免疫判断抗体检测结果。未免疫的，抗体检测结果阴性为检测合格；已免疫的，抗体检测结果阳性且抗体水平达到规定的免疫合格标准为检测合格。种猪禁止进行布鲁氏菌病免疫，布鲁氏菌病的抗体检测结果阴性为检测合格。O型口蹄疫为强制免疫病种，抗体检测结果阳性且抗体水平达到规定的免疫合格标准为合格（表4-1）。

三、特殊说明

根据《农业农村部关于加强动物疫病风险评估做好跨省调运种猪产地检疫有关工作的通知》（农牧发〔2019〕21号），在非洲猪瘟疫情应急响应期间，对跨省调运种猪产地检疫实验室检测项目进行调整，继续严格开展非洲猪瘟实验室检测，检测数量（比例）100%，对口蹄疫、猪瘟、猪繁殖与呼吸综合征、猪圆环病毒病、布鲁氏菌病5种动物疫病，在种猪场日常监测的基础上开展风险评估，不再进行实验室检测。样品送检前至种猪调出前对拟调运种猪采取隔离观察措施的，检测时限可以延长至调运前7天。

官方兽医在进行跨省调运种猪的产地检疫时，按照各省的种猪场动物疫病风险评估方案，对种猪场开展风险评估。评估结果有效期不超过3个月。

表4-1 跨省调运种猪及其精液、胚胎实验室检测要求

疫病名称	病原学检测			抗体检测			
	检测方法	数量	时限	检测方法	数量	时限	备注
口蹄疫	见《口蹄疫防治技术规范》(DB51/T 781—2008)、《口蹄疫诊断技术》(GB/T 18935—2018)	100%	调运前3个月内	见《口蹄疫防治技术规范》(DB51/T 781—2008)、《口蹄疫诊断技术》(GB/T 18935—2018)	100%	调运前1个月内	抗原检测阴性、抗体检测符合规定为合格
猪瘟	见《猪瘟防治技术规范》(DB51/T 475—2018)、《猪瘟诊断技术》(GB/T 16551—2020)	100%	调运前3个月内	见《猪瘟防治技术规范》(DB51/T 475—2018)、《猪瘟诊断技术》(GB/T 16551—2020)	100%	调运前1个月内	抗原检测阴性、抗体检测符合规定为合格
猪繁殖与呼吸综合征	见《猪繁殖与呼吸综合征诊断方法》(GB/T 18090—2008)	100%	调运前3个月内	见《猪繁殖与呼吸综合征诊断方法》(GB/T 18090—2008)	100%	调运前1个月内	抗原检测阴性、抗体检测符合规定为合格
猪圆环病毒病	见《猪圆环病毒病聚合酶链反应试验方法》(GB/T 21674—2008)	100%	调运前3个月内	无	无	无	抗原检测阴性为合格
非洲猪瘟	见《非洲猪瘟疫情应急实施方案》	100%	调运前3天	无	无	无	
布鲁氏菌病	无	无	无	见《家畜布鲁氏菌病防治技术规范》(DB51/T 1849—2014)、《动物布鲁氏菌病诊断技术》(GB/T 18646—2018)	100%	调运前1个月内	免疫动物不得向非免疫区调运，且检测结果阴性为合格

参考文献

甘孟侯，高齐瑜，1999.猪病诊治彩色图说[M].北京:中国农业出版社.

贾幼陵，2007.动物检疫员手册[M].北京:中国农业出版社.

潘耀谦，张春杰，刘思当，等，2004.猪病诊治彩色图谱[M].北京:中国农业出版社.

吴晗，孙连富，2018.生猪屠宰检疫图解手册[M].北京:中国农业出版社.

图书在版编目（CIP）数据

生猪检疫操作图解手册/中国动物疫病预防控制中心组编．—北京：中国农业出版社，2021.12
（动物检疫操作图解手册）
ISBN 978-7-109-28962-8

Ⅰ.①生…　Ⅱ.①中…　Ⅲ.①猪－屠宰加工－卫生检疫－图解　Ⅳ.①TS251.5-64

中国版本图书馆CIP数据核字（2021）第256753号

中国农业出版社出版

地址：北京市朝阳区麦子店街18号楼
邮编：100125
策划编辑：周晓艳　王森鹤
责任编辑：王森鹤
版式设计：杨　婧　责任校对：吴丽婷　责任印制：王　宏
印刷：北京通州皇家印刷厂
版次：2021年12月第1版
印次：2021年12月北京第1次印刷
发行：新华书店北京发行所
开本：700mm×1000mm　1/16
印张：5
字数：85千字
定价：50.00元
